*Auguste Laugel*

# Les deux Stephenson

*Histoire des sciences*

 Le code de la propriété intellectuelle du 1er juillet 1992 interdit en effet expressément la photocopie à usage collectif sans autorisation des ayants droit. Or, cette pratique s'est généralisée dans les établissements d'enseignement supérieur, provoquant une baisse brutale des achats de livres et de revues, au point que la possibilité même pour les auteurs de créer des œuvres nouvelles et de les faire éditer correctement est aujourd'hui menacée. En application de la loi du 11 mars 1957, il est interdit de reproduire intégralement ou partiellement le présent ouvrage, sur quelque support que ce soit, sans autorisation de l'Éditeur ou du Centre Français d'Exploitation du Droit de Copie , 20, rue Grands Augustins, 75006 Paris.

ISBN : 978-1719182621

10  9  8  7  6  5  4  3  2  1

*Auguste Laugel*

# Les deux Stephenson

Histoire des sciences

## Table de Matières

**Les deux Stephenson**       7

# Les deux Stephenson

L'Angleterre peut s'enorgueillir à bon droit de sa puissance politique, des longues luttes qu'elle a soutenues pour la liberté, de ses institutions également bien placées à l'abri des empiétements de la royauté et des aveugles excès de la démagogie. Du haut de son île, elle se vante d'assister avec tranquillité aux orages périodiques de la politique européenne, et voit le flot des révolutions expirer devant sa blanche falaise, comme cet Océan même qui l'environne de toutes parts. Elle est fière de sa puissante marine, de son antique aristocratie, de ses communes, dont les débats tiennent le monde attentif et préoccupent au même degré les amis et les détracteurs du gouvernement parlementaire. Pourtant ce que l'Anglais montre de préférence à l'étranger qui visite son île, ce ne sont pas les salles de Westminster, où tant de voix éloquentes se sont fait entendre en faveur des plus illustres causes, ni les demeures somptueuses de sa noblesse, ni tant de monuments des plus terribles victoires; ce sont les usines, les ports, les docks, les canaux, les mines, les fermes, les chemins de fer de la Grande-Bretagne.

La grandeur politique de l'Angleterre a en effet les racines les plus profondes dans son activité sociale : l'amour du travail est le trait le plus caractéristique de la forte race qui habite ce coin de terre que les Romains appelaient le bout du monde, et qui est aujourd'hui l'un des centres du monde. Ce qui, pour les peuples du midi, plus capricieux, plus indolents, est une fatigue, une dure nécessité, un devoir qu'on n'accepte qu'en le maudissant, est pour l'Anglo-Saxon la raison de la vie, le sel de l'existence. Pour lui, le travail est moins un moyen qu'un but; l'oisiveté même est plus active en Angleterre qu'ailleurs, et la complication des conventions sociales y fait de la vie élégante une véritable fatigue. Voyez encore de quelle manière travaille un ouvrier anglais, un forgeron par exemple. A la rouge lueur des fournaises, le sérieux qu'il garde a quelque chose d'effrayant; le Français trouve moyen de jeter une remarque ou une plaisanterie entre deux coups de marteau; le Vulcain anglais ne s'interrompt jamais, et son instrument retombe sur le fer sans relâche, avec l'implacabilité du destin. Tout se fait et se mène ainsi dans cette île, le labeur manuel, la banque, les grandes affaires, la politique; rien de chimérique dans les esprits : l'utile et le réel dominent tout. Allez dans l'office de l'une de ces puissantes maisons où princes et peuples vont solliciter des emprunts : dans quelque rue fangeuse de la Cité ; vous verrez des salles basses et sombres où nos manieurs d'argent français, dont les dernières années ont vu éclore l'éphémère fortune, rougiraient de vivre un seul jour. Qui parle de fictions parlementaires? Il faut avoir oublié l'histoire des Stuarts, tant de ministres décapités ou enfermés à la Tour... Nelson, le jour du combat de Trafalgar, ne perd point son temps à de longues proclamations : « L'Angleterre, dit-il à ses marins, attend de chaque homme qu'il fasse son devoir. »

Les races sont comme les organes divers de l'humanité; chacune semble avoir une tâche différente à remplir. La destinée de la race anglo-saxonne est comme tracée dans son histoire entière, dans ses grandes entreprises de colonisation, dans le défrichement de l'Amérique, dans le sillage de ces innombrables vaisseaux qui traversent tous les océans et se chargent des dépouilles de l'univers. Prenant au sérieux le mot biblique : « tu gagneras ton pain à la sueur de ton front, » l'Anglo-Saxon s'est mis à la tâche avec une ardeur que rien ne refroidit, que rien n'arrête, et avec le pain il a conquis l'or, la puissance, la force physique et morale, la fierté. Pris d'une véritable fièvre d'activité, il ne s'est point contenté de suffire à ses propres besoins; il s'est mis à travailler pour le genre humain, il a fabriqué des étoffes, des armes, des instruments pour le monde entier; il envoie ses missionnaires au centre de l'Afrique pour offrir à des tribus sauvages les produits de Manchester et de Sheffield; il rapporte tissé à l'Américain le coton qui vient des États-Unis; il fera demain, si l'on veut, des joujoux pour Nuremberg et des chapeaux de paille pour Panama. Pour être une des maîtresses du monde, l'Angleterre s'est faite la première servante de l'humanité. Dans cette immense fourmilière du travail, nul ne compte sur autrui; il faut faire son chemin tout seul, marcher sans retourner la tête, lutter sans murmure, sans plainte, contre tous les obstacles. Malheur aux vaincus! la pitié les soulage, mais les relève rarement. C'est à la force de résistance, à l'obstination que se mesure la valeur des hommes; une intelligence vive et passionnée, des facultés brillantes leur sont moins utiles que la volonté et le caractère, armures plus solides pour le combat de la vie. Il n'y a rien qu'un véritable Anglo-Saxon vénère, admire à l'égal d'un homme qui, suivant la mâle expression de son langage, s'est fait lui-même, qui de la pauvreté, de l'obscurité, des bas-fonds où l'ignorance et la misère retiennent leurs milliers d'esclaves, s'est, par un lent et continuel effort, élevé jusqu'à la richesse, à la renommée, à la puissance : si cet homme a eu le singulier bonheur, en travaillant à sa propre fortune, d'améliorer la condition générale de ses semblables, d'ajouter quelque lustre à la gloire de son pays, d'ouvrir un courant nouveau à l'activité humaine, il prend place alors parmi les favoris de l'opinion, et la popularité lui jette toutes ses couronnes.

De telles gloires deviennent une véritable force pour les nations : les bienfaits rendus par ceux qui conquièrent ainsi la renommée sont de plus d'une sorte ; ils ne sont pas tout entiers dans les découvertes, dans les services personnels, ils se centuplent et se multiplient à l'infini dans les âmes. L'exemple de pareilles destinées réveille l'ambition des plus humbles, vivifie l'activité sociale, s'empare de l'imagination populaire; que de héros n'a pas suscités dans nos armées françaises le souvenir vivant de tant de soldats sortis des rangs les plus infimes et devenus de grands capitaines, des conquérants, des rois ! En Angleterre, la classe ouvrière a eu aussi ses héros, car on peut bien donner ce nom à des hommes qui, sans aucun secours, sans capital, sans patronage, ont réussi à remporter les plus éclatantes victoires dans les luttes pacifiques de l'industrie, et, par le simple effort de leur intelligence, ont fait faire à la civilisation des pas plus décisifs que tant de capitaines et d'hommes d'état. Parmi ces hommes, il en est peu dont la vie soit aussi instructive, aussi attachante que celle de George Stephenson, l'inventeur de la locomotive et le promoteur des chemins de fer. Comme un rayon qui se glisse dans une nuit obscure, dans combien de chaumières, de tristes réduits, le petit livre qui résume cette existence si bien remplie n'a-t-il pas dû laisser une consolation et une espérance! L'histoire de cet honnête et courageux ouvrier, à qui notre temps doit un de ces services signalés qui marquent en quelque sorte une des grandes étapes de la civilisation, est une des lectures les plus fortifiantes qu'on puisse recommander. On voudrait voir ce livre traduit dans toutes les langues, et répandu surtout parmi les classes populaires. auxquelles il apprendrait ce que peuvent le travail intelligent, la patience active et la probité.

Newcastle est, comme tout le monde le sait, le centre de l'un des plus riches districts houillers de la Grande-Bretagne. A quelque distance de cette ville est un petit village nommé Wylam : on n'y voit que peu de paysans; autour d'un puits d'extraction de houille se sont groupées les chétives habitations des ouvriers mineurs. C'est dans l'une de ces humbles demeures, encore debout cependant aujourd'hui, que naquit le 9 juin 1781 George Stephenson. Son père, Robert Stephenson, gardait la pompe d'épuisement de la mine. Les premières impressions que reçut le jeune enfant au milieu de ce noir pays de charbon ne durent jamais s'effacer, et déterminèrent sans doute sa vocation. Dès cette époque, la houille, en sortant des puits d'extraction, était chargée sur des wagons qui roulaient sur des rails, quelquefois en fonte, quelquefois en bois, jusqu'aux quais d'embarquement de la Tyne. La famille de Robert Stephenson était nombreuse, il avait six enfants; comme les trains passaient devant sa maison même, l'aîné, George, avait charge de surveiller ses frères et sœurs et de les empêcher de jouer sur la voie au moment du passage des trains. Son esprit fut ainsi, dès le plus bas âge, familiarisé avec les wagons, les rails, la houille, et la grande découverte des chemins de fer, déposée en germe dans son imagination enfantine, n'attendit plus pour mûrir que l'âge et les circonstances favorables.

La jeunesse de George Stephenson ne connut jamais le loisir : sitôt qu'il sut marcher, il dut se rendre utile. A Dewley-Burn, où son père s'était établi après avoir quitté Wylam, il gardait les vaches d'une voisine pour les préserver de la rencontre des trains chargés de houille; il devait aussi, le soir venu, fermer les barrières sur tous les points où des chemins traversaient la voie. Quand il en avait le temps, le petit pâtre s'amusait à chercher des nids; plus souvent on le voyait occupé à fabriquer, avec de la terre glaise, de petits modèles de machines à l'image de celle que lui avait montrée son père à l'entrée de la mine. Pendant quelque temps, on le fit travailler dans les champs, extraire des racines, pousser la charrue ; mais son ambition était d'être admis au nombre des ouvriers de la mine. Il obtint rapidement cette faveur, et débuta par l'emploi modeste de nettoyeur de charbon; bientôt on lui donna à conduire un cheval de manège; enfin il put, comme apprenti, rester avec son père et s'occuper de la machine de Dewley : il n'avait que quatorze ans et se trouvait au comble de tous ses vœux.

La mine de Dewley épuisée, la famille se rendit à Newburn. George et le plus âgé de ses frères aidaient leur père à la machine; les quatre autres enfants étaient employés aux travaux extérieurs de la mine. Pour toute cette famille, on n'avait qu'une chambre assez petite; tout ce monde y vivait en commun et y couchait la nuit. La misère était grande, les vivres coûtaient cher. La guerre avec Napoléon, alors dans toute sa fureur, mettait les classes ouvrières de l'Angleterre aux plus terribles épreuves. Heureusement qu'un nouveau charbonnage ayant été ouvert aux environs de Newburn, George y fut appelé, et, suivant les règles de la hiérarchie habituelle, élevé au rang de nettoyeur de la pompe. Il avait dix-sept ans seulement; malgré sa jeunesse, on n'hésita pas à lui confier ce poste assez important à cause des soins scrupuleux et du zèle qu'il apportait dans ses fonctions. Son travail régulier l'absorbait entièrement pendant douze heures chaque jour; mais plus d'une heure supplémentaire était consacrée à nettoyer la machine, à la démonter, pour l'étudier dans toutes les parties et se familiariser avec tous les organes. George Stephenson comprit bientôt que pour achever son éducation il lui était indispensable d'apprendre à lire. Bien qu'homme fait, il se mit à l'école, et malgré la modicité de son salaire, il en consacra une partie à payer des leçons de lecture, d'écriture et d'arithmétique. On le voyait dans la journée, assis près de sa machine, écrire ou faire des calculs sur une ardoise.

Pendant qu'il continuait à s'occuper de la pompe d'extraction, George Stephenson se familiarisait avec la manœuvre du frein. On appelle ainsi dans les charbonnages l'appareil destiné à régler le mouvement des charges de houille qui montent du fond de la mine, de telle façon qu'elles viennent s'arrêter précisément à l'ouverture du puits où on les attend. Ce travail demande à la fois de l'adresse et de l'habitude; Stephenson fut nommé garde-frein. Cette nouvelle fonction lui laissait assez de loisirs pour qu'il pût exercer en même temps le métier de cordonnier. Il apprit à raccommoder les souliers, et ce fut de cette façon qu'il réussit à mettre de côté sa première guinée. Il conserva soigneusement ce trésor. La première obole qu'on ôte au présent pour la réserver à l'avenir n'est-elle pas le secret des plus grandes fortunes?

Quand on est âgé d'un peu plus de vingt ans, et qu'on voit quelques souverains briller dans son tiroir, à quoi songe-t-on tout naturellement? A se marier. C'est ce que fit George Stephenson. Il fabriqua pour Fanny Henderson la plus belle paire de souliers qui fût encore sortie de ses mains. Fanny devint bientôt sa femme, et les jeunes mariés allèrent s'établir à Willington-Quay, sur les bords de la Tyne. Nous y retrouvons encore Stephenson garde-frein, déjà tourmenté par son imagination inventive, et, comme tant d'autres avant et après lui, cherchant sérieusement le mouvement perpétuel. Tout en dépensant à la poursuite d'une chimère les ressources de son ingénieux esprit, il ne négligeait pas les réalités de la vie; il continuait à faire modestement des souliers; il était aussi devenu, comme il le disait, le médecin de toutes les montres et horloges du voisinage, qu'il réparait aussi bien qu'un homme du métier. C'est à Willington-Quay que naquit Robert Stephenson. Sa naissance n'aurait pu être accueillie avec plus de joie, si l'on avait connu la brillante destinée qui l'attendait; mais ce bonheur domestique ne fut pas long : la jeune mère mourut peu après. Stephenson se vit obligé de quitter son enfant pour aller tout au fond de l'Ecosse réparer une machine d'épuisement. Il part le bâton à la main, et fait tout le voyage à pied; il revient de même, pour économiser son gain. Il apprend à son arrivée que durant son absence son père a été horriblement brûlé par un jet de vapeur, que, devenu aveugle par suite de cet accident, il est tombé dans la misère la plus profonde. George se hâte, avec ses petites économies, de payer les dettes contractées pendant la maladie, et d'assurer à son père un asile pour sa triste vieillesse.

A ce moment, l'Angleterre, menacée dans son existence, se préparait à une lutte désespérée. De 1807 à 1808, elle n'eut pas moins de sept cent mille hommes sous les armes. George Stephenson fut désigné pour entrer dans la milice. Pour échapper au service militaire, il dut s'acheter un remplaçant, et sacrifier le reste de ses économies. Un moment il s'abandonna au désespoir, et songeait à quitter son pays pour émigrer aux États-Unis. Causant plus tard avec un ami des pensées qui l'assiégeaient à cette époque : « Vous connaissez, lui disait-il, le chemin de ma maison à Killingworth ; je me rappelle l'avoir suivi en pleurant amèrement, car j'ignorais où la destinée allait me jeter. » Il y a ainsi dans la vie de presque tous les hommes un tournant dangereux, un moment plein de périls, d'angoisses, où tout semble se conjurer comme pour tenter leur courage, leur patience, souvent leur honneur. C'est dans ces épreuves critiques que les faibles succombent et se perdent sans retour ; ceux que touche la main divine y deviennent plus forts, et s'affermissent à jamais contre toutes les défaillances. Sortis vainqueurs de la lutte, ils n'ont plus qu'à marcher de victoire en victoire.

George Stephenson ne recula pas un instant devant les devoirs que lui imposait sa difficile position. Son fils grandissait et avait besoin d'éducation. « dans la première partie de ma carrière, disait-il plus tard à ce sujet, quand Robert était un petit garçon, je vis combien mon éducation était insuffisante, et je me promis de ne pas le laisser souffrir de la même privation. Je voulus le mettre à l'école et lui faire donner une instruction libérale; mais j'étais un pauvre homme. Comment pensez-vous que je fis? Je me mis à raccommoder les montres des voisins la nuit, quand mon travail de jour était fini, et c'est ainsi que je me procurai les moyens d'élever mon fils. »

Tout en faisant métier d'horloger et accidentellement aussi de cordonnier, Stephenson s'occupait avec une extrême ardeur de mécanique. Il introduisait dans la disposition et l'organisme des machines toute sorte d'améliorations. On commençait à venir le consulter d'assez loin à ce sujet, et sa réputation se répandait peu à peu. Il avait réussi à remettre en état et à faire fonctionner régulièrement quelques machines d'épuisement ou d'extraction dont tout le monde avait désespéré, et quelques-unes de ces cures merveilleuses lui assurèrent bientôt une position exceptionnelle parmi tous les hommes de sa profession. Il profita de ce retour de fortune pour étudier davantage, se familiariser avec l'arithmétique, apprendre à dessiner des plans; il acquit aussi quelques notions scientifiques sur la mécanique et la chimie. Son fils, qu'il avait placé dans une académie de Newcastle, lui envoyait sur ces sujets des livres qu'il lisait avec une avide curiosité.

Ce fut vers cette époque que l'esprit entreprenant et ingénieux de Stephenson aborda l'étude d'un sujet nouveau, d'où il devait tirer les plus magnifiques et les plus fécondes découvertes. On se préoccupait vivement, dans tout le bassin houiller de Newcastle, de moyens économiques pour transporter le charbon des puits d'extraction aux points d'embarquement. En faisant rouler les wagons sur des rails en bois et en fer, on avait déjà réalisé un très grand progrès : il s'agissait maintenant de trouver une force motrice nouvelle, en employant la force expansive de la vapeur dans des machines mobiles elles-mêmes sur les rails et capables de remorquer les trains auxquels elles seraient attelées. Bien des essais de locomotives avaient été tentés ; mais ces premiers appareils pourraient moins bien soutenir la comparaison avec nos locomotives actuelles que les premières machines à vapeur fixes avec celles que nous admirons aujourd'hui dans nos grands ateliers industriels. Animer en quelque sorte le fer et la fonte, lancer une machine sur des rails à la tête d'un long convoi, donner à ce moteur aveugle la stabilité en même temps que la vitesse, en régler tous les mouvements, les précipiter ou les ralentir à volonté plus facilement que le cavalier le plus habile modifie l'allure de son cheval, tel était le problème auquel il fallait trouver une solution. George Stephenson avait approfondi avec tant de soin tout ce qui concerne les organismes des machines, que, voyant marcher sur le chemin (*tramway*) de la mine de Kenton et Coxlodge une petite locomotive inventée par Blenkinsop à Leeds, il s'écria tout de suite : « Il me semble que je pourrais mieux que cela faire marcher une machine sur ses pieds. » Le voilà immédiatement à l'œuvre, étudiant tout ce qui avait été fait dans ce genre, essayant toute sorte de combinaisons nouvelles. Bientôt, sans le secours d'ouvriers constructeurs spéciaux, sans matériel convenable, il parvient à achever une locomotive. Cette machine marchait avec infiniment plus de facilité que toutes celles qui l'avaient précédée. Pourtant la vitesse ne dépassait pas encore celle d'un cheval, et l'expérience démontra qu'elle ne présentait aucune économie sur l'emploi des moteurs animés. Le tirage y était très insuffisant, et Stephenson dut chercher à l'activer. Comme les voisins se plaignaient de tous côtés du bruit affreux que faisait la vapeur en s'échappant dans l'atmosphère après avoir travaillé dans les cylindres de la locomotive, il songea à envoyer cette vapeur dans la cheminée. Ce fut un véritable trait de lumière. L'espèce d'expiration régulière ainsi obtenue donne naissance à un tirage extraordinaire qu'on n'aurait pu produire par aucun autre moyen. C'est en partie grâce à ce simple et ingénieux artifice que les locomotives peuvent atteindre les vitesses formidables qu'on leur imprime aujourd'hui. Cette invention fut essayée par Stephenson en 1815, dans une nouvelle machine, qui reçut aussi beaucoup de perfectionnements mécaniques très importants, et où l'on retrouve déjà, bien qu'en caractères encore imparfaits, les traits principaux de la locomotive moderne.

Stephenson reconnut que les rails en fonte et les coussinets dans lesquels ceux-ci se trouvaient adaptés étaient extrêmement imparfaits sur les *tramways* des charbonnages du Northumberland et du Durham. Les ressauts violents imprimés à la machine locomotive par suite des inégalités et des imperfections de la voie, la fatigue excessive des organes qui résultait de ces chocs, rendaient l'exploitation presque aussi coûteuse dans le nouveau système que dans les anciens. Il comprit qu'à un appareil d'une grande délicatesse mécanique devait correspondre une voie d'une perfection nouvelle. Pour en montrer la parfaite solidarité, il se plaisait à appeler familièrement le rail et la machine « le mari et la femme. » Il substitua bientôt aux roues en fonte des locomotives des roues entourées de bandages en fer, changea la forme des rails, altéra aussi celle des coussinets, de façon à mieux assurer la rigidité de la voie. Chaque jour il perfectionnait son système sur quelque point.

Vers 1818, les amis de Stephenson lui conseillèrent d'essayer sa nouvelle locomotive sur les routes ordinaires. Faire circuler des machines à vapeur sur toutes les routes du royaume était alors le rêve favori de tous les esprits amoureux de progrès. La sagacité de Stephenson ne se laissa pas entraîner par de semblables illusions; il savait trop bien avec quelle difficulté sa locomotive parcourait le chemin de fer de la mine de Killingworth. Il voulut cependant faire quelques expériences sur la résistance que les voitures rencontrent en parcourant les routes. Il inventa pour l'occasion un *dynamomètre*, ou mesureur de résistances, sans avoir la moindre connaissance préalable des appareils de ce genre, dont le principe, très peu compris à cette époque par les personnes même familières avec la mécanique, a, de nos jours seulement, reçu de nombreuses et très utiles applications. Par ses expériences, Stephenson put se convaincre de l'inutilité des efforts de ceux qui cherchaient à faire circuler de lourdes machines à vapeur sur les routes ordinaires, où les pentes atteignent des inclinaisons trop fortes. Il comprit que les locomotives y rencontreraient des résistances insurmontables, et qu'il était de toute nécessité de tracer pour ces nouveaux moteurs des voies d'une perfection géométrique, aussi rapprochées que possible de l'horizontalité parfaite. Cette conviction ne s'effaça jamais de son esprit, et le guida plus tard, toutes les fois qu'il dut tracer le parcours d'un chemin de fer. A l'époque où il tenta ses premiers essais, les erreurs les plus étranges étaient répandues sur ce sujet, que son bon sens pratique élucida si rapidement. Tout le monde alors par exemple croyait qu'une locomotive ne pourrait rouler que sur une surface rugueuse, et qu'elle trouverait plus d'adhérence sur une route caillouteuse que sur des rails métalliques et polis. On démontrait très savamment que, sur de semblables barres de fer, les roues tourneraient sur elles-mêmes sans avancer. Pendant ce temps les machines de Stephenson n'en parcouraient pas moins le chemin de fer de Killingworth ; mais cette belle expérience restait à peu près inconnue. Killingworth était trop loin de Londres pour attirer l'attention de la Société royale ou même des grands ingénieurs en renom. L'obscurité de Stephenson, son humble extraction, sa modestie même, l'isolaient encore plus que la distance.

Stephenson songeait de nouveau à émigrer aux États-Unis : en voyant les premiers bateaux à vapeur monter et descendre la Tyne, il avait conçu l'idée d'introduire la navigation à vapeur sur les grands lacs de l'Amérique du Nord. Il ne donna heureusement pas suite à ce projet, parce qu'on vint lui demander de construire, de la mine de Helton aux bords de la Wear, près de Sunderland, un chemin de fer du développement, alors inusité, de huit milles. La nature très accidentée du terrain ne lui permit point de faire une voie entièrement horizontale, et il dut combiner des paliers horizontaux avec de longs plans inclinés : les premiers étaient desservis par des locomotives, les seconds par des machines fixes, remorquant les trains à l'aide d'un câble. Le jour où le chemin de fer fut inauguré, tous les gens du pays virent avec stupéfaction le *cheval de fer* remorquer, avec une vitesse de quatre milles à l'heure, un train composé de dix-sept wagons et pesant soixante-quatre tonnes.

Pendant l'année 1817, un quaker, M. Pease, forma avec quelques-uns de ses amis et coreligionnaires le projet d'établir une ligne de chemin de fer de Stock ton-sur-Tees à Darlington, centre d'un riche district houiller : on commença les premières études; mais quand la demande arriva au parlement, le duc de Cleveland fit rejeter ce qu'on nommait plaisamment « la ligne des quakers, » parce qu'elle devait passer le long d'un de ses parcs. Après de nouvelles études et de patients efforts, on réussit à obtenir, dans la session suivante, un bill qui autorisait la construction d'un chemin de fer où des wagons seraient traînés «par des hommes, des chevaux, ou autrement.» La locomotive, comme on voit, n'était pas même nommée. Stephenson alla pourtant trouver M. Pease, et lui recommanda l'emploi des machines à vapeur. Les manières simples, le bon sens résolu de Stephenson firent une profonde impression sur l'esprit du quaker. Il alla visiter Killingworth, et, converti aux opinions de Stephenson, il obtint en 1823 un nouveau projet pour l'établissement d'un chemin de fer à locomotives. En outre, il s'associa avec son nouveau protégé pour fonder à Newcastle un atelier de construction de locomotives, et le fit nommer ingénieur du chemin de fer de Darlington à Stockton aux appointements de 300 livres sterling. Le champ était désormais ouvert devant Stephenson : il décida la compagnie à adopter l'emploi de rails en fer au lieu de rails en fonte; il fixa lui-même la largeur de la voie, dessina les plans de trois locomotives. Pour augmenter la puissance de ces machines, il conduisit la flamme, dans le trajet du foyer à la cheminée, par un large tube qui traversait la chaudière. Il donnait ainsi librement carrière à son imagination inventive; il avait dès lors conscience de la révolution que ses locomotives allaient bientôt opérer. Un jour, assis dans une petite auberge de Stockton avec son fils Robert et John Dixon, devenu lui-même depuis un grand ingénieur, il prononça ces paroles que par la suite Dixon se plaisait à rappeler : « Maintenant, mes jeunes amis, je vais vous le dire, je pense que vous vivrez assez pour voir le jour (pour ma part, je ne le verrai peut-être pas) où les chemins de fer détrôneront toutes les autres voies de communication dans ce pays, — où les dépêches iront en chemin de fer, où les voies ferrées deviendront le grand chemin du roi et de tous ses sujets. Le temps approche où il sera moins coûteux à un ouvrier de voyager en chemin de fer que de marcher à pied. Je sais qu'il y aura de grandes, presque d'insurmontables difficultés à vaincre; mais ce que j'ai dit doit arriver aussi sûrement que nous existons. Je désire seulement voir ce jour, bien que je puisse à peine l'espérer, car je sais combien est lent tout progrès humain, et avec quelle difficulté j'ai fait adopter la locomotive, malgré le succès de l'expérience continuée depuis plus de deux ans à Killingworth. »

Le chemin de fer de Stockton à Darlington fut inauguré le 27 septembre 1825; au milieu d'un immense concours de population, la première locomotive remorqua un train de trente-huit voitures chargées les unes de charbon, les autres de curieux. On n'y voyait qu'une seule voiture à voyageurs proprement dite, sorte de lourd omnibus, sans élégance, construit sur les dessins et à la demande de Stephenson; mais on songeait encore si peu à voyager sur les chemins de fer, que les directeurs, uniquement préoccupés du transport du charbon, abandonnèrent à un entrepreneur le droit de circuler sur la voie avec cet omnibus, traîné par deux chevaux. On parcourut d'abord une fois par jour seulement la distance de Darlington à Stockton; les voyageurs affluèrent presque aussitôt, et de nouvelles voitures furent construites; la concurrence de plusieurs entrepreneurs rendit le service ordinaire du chemin de fer de plus en plus difficile, et la compagnie dut se décider à reprendre elle-même en main le transport combiné des marchandises et des voyageurs. Les bénéfices s'accrurent au-delà de toute espérance : on n'avait jamais compté que sur un transport annuel de 10,000 tonnes de charbon à Stockton. Au bout de peu de temps, le chiffre s'élevait à 500,000 tonnes, et au point d'embarquement, alors désert, on voyait s'élever la ville, aujourd'hui si florissante, de Middleborough, qui compte déjà plus de quinze mille habitants.

Cette première victoire de George Stephenson fut suivie de nouveaux et rapides succès : Manchester commençait à prendre le gigantesque développement qui a fait de cette ville le centre industriel le plus important de la Grande-Bretagne, et lui a valu dans la représentation nationale une place en quelque sorte exceptionnelle. Manchester reçoit du port de Liverpool le coton brut qui est mis en œuvre dans ses nombreuses filatures : à l'époque dont nous parlons, le transport se faisait sur les canaux ; mais durant les grands froids les bateaux étaient arrêtés par la glace, et il arrivait quelquefois que la matière première restait plus longtemps en route de Liverpool à Manchester que des ports des États-Unis aux ports anglais. On songea, pour assurer plus de régularité et de célérité aux transports, à établir entre les deux villes une voie ferrée. A plusieurs reprises, on envoya des agents à Stockton pour examiner le système de Stephenson et l'interroger lui-même; enfin on lui confia les premières études de la ligne projetée. Cette mission n'était pas sans danger : les fermiers et les laboureurs du pays se montraient des plus hostiles à une entreprise qu'on leur avait fait considérer comme très menaçante pour leurs intérêts; ils s'opposèrent souvent avec une extrême brutalité aux études préliminaires sur le terrain. Les tenanciers des lords Derby et Sefton et les employés d'un canal, qui était la propriété du duc de Bridgewater, se montrèrent particulièrement obstinés. A Knowley, Stephenson fut chassé lui-même par les fermiers de lord Derby, et l'accès des terres du noble duc lui fut interdit sous les menaces les plus sévères; il fallut revenir en force pour opérer à la hâte quelques nivellements. Pour tromper la surveillance des gardes du duc de Bridgewater, on eut recours à la ruse : on tira des coups de fusil la nuit pour les entraîner sur la trace de prétendus braconniers ; pendant cette fausse alerte, on fit précipitamment un lever de plan au clair de lune.

Le bill relatif au chemin de fer de Liverpool à Manchester fut discuté au mois de mars 1825 par un comité de la chambre des communes; il y rencontra une opposition formidable. Stephenson dut prendre place dans ce qu'on nomme en langage parlementaire le *wittness-box* pour fournir des explications sur son projet et répondre aux objections de ses adversaires. Pour un homme qui sait mieux agir que discuter et parler, il n'y a pas d'épreuve plus terrible que de se trouver en face de personnes habituées à tous les artifices et à tous les détours de la polémique. Outre les hommes de loi, Stephenson avait d'ailleurs à combattre-des ingénieurs bien connus, qui tous déclaraient son projet inadmissible, la vitesse qu'il s'engageait à obtenir chimérique, et en tout cas pleine de dangers. Le tracé ne trouvait pas plus grâce devant eux que l'emploi de la locomotive; on contestait surtout la possibilité de franchir l'immense tourbière de Chat-Moss, située entre Liverpool et Manchester, où Stephenson avait hardiment proposé de faire passer son chemin de fer.

Pendant le long assaut qu'il eut à subir, Stephenson trouva, malgré son embarras, quelques répliques assez heureuses. Un chemin de fer, lui demandait-on, dans le cas où il serait assez solide pour supporter le poids d'un convoi animé d'une vitesse de quatre milles à l'heure, pourrait-il résister à la pression qui résulterait d'une vitesse de douze milles (c'est celle que Stephenson s'engageait à atteindre)?

«Je suppose, répondit-il, que plus d'une personne ici a patiné sur la glace ; en ce cas, ces personnes doivent savoir que la glace les supporte mieux quand elles vont très vite que lorsqu'elles glissent lentement : quand on avance avec beaucoup de rapidité, le poids, en une certaine façon, devient insensible. » Un autre membre du comité lui posait l'objection suivante : « Admettez qu'une de vos machines circule sur la voie avec une vitesse de neuf ou dix milles par heure, et qu'une vache par hasard s'y rencontre ; ne serait-ce pas là une circonstance bien fâcheuse? — Oui, lui fut-il répondu, très fâcheuse en effet pour la vache! »

L'autorité professionnelle des hommes spéciaux consultés par le comité de la chambre des communes et l'éloquence, des membres opposants firent rejeter le bill. Il faut citer textuellement quelques-unes des triomphantes déclarations sous lesquelles on parvint à accabler le malheureux Stephenson ! « Aucun ingénieur dans son bon sens n'aurait pu songer à traverser Chat-Moss pour joindre par un chemin de fer Liverpool et Manchester. On ne pourrait y établir une voie ferrée sans enfoncer dans la tourbière. — Chaque partie de ce projet montre que cet homme (Stephenson) s'est appliqué à un sujet dont il n'a aucune connaissance, et où il ne peut apporter aucun élément scientifique. — Les machines locomotives dépendent dans leur action du temps : un coup de vent assez fort pour gêner la navigation sur la Mersey rendrait impossible le voyage d'une locomotive. »

Les directeurs du chemin projeté ne furent point découragés par cette première défaite, et recommencèrent de nouvelles études; seulement, comme on avait tiré grand parti dans le comité des communes de quelques erreurs de détail découvertes dans les plans, levés, on l'a vu, avec tant de précipitation et de difficulté, l'exécution des études supplémentaires fut confiée à des ingénieurs d'une grande notoriété : ils s'écartèrent des domaines de lord Sefton, passèrent aussi loin que possible de la résidence de lord Derby; enfin, en ce qui concernait l'emploi des locomotives, on ne réclama dans le nouveau bill l'insertion d'aucune clause particulière autorisant la compagnie à user de ce nouveau moteur. Au cas où l'on reviendrait plus tard à ce projet, on se soumettait d'avance à toutes les restrictions, à toutes les mesures de prudence que le parlement pourrait imposer. A ces conditions, le bill passa; Stephenson fut nommé ingénieur en chef, et mit aussitôt la main à la partie de son chemin de fer qu'on avait hautement proclamée «impossible. » Les premiers chantiers furent installés sur la tourbière de Chat-Moss. Pour traverser ce terrain spongieux, toujours imbibé d'eau, élastique, obéissant à la moindre pression, Stephenson eut l'idée hardie de construire une sorte de grand radeau avec des pièces de bois, de la mousse desséchée et des terres rapportées. Ce radeau devait être assez large pour que le poids d'un train, réparti sur une très grande surface, ne pût déterminer aucun affaissement permanent du sol. Nous ne pouvons raconter ici en détail quelles difficultés Stephenson eut à vaincre pour exécuter ce vrai chemin de fer flottant. Plus d'une fois on voulut arrêter le travail, mais l'opiniâtreté de l'ingénieur triompha de tous les obstacles, et quand le chemin de fer fut ouvert, on dut reconnaître que la voie n'était nulle part plus sûre qu'à travers ce marécage, où l'on craignait de voir les trains s'enfoncer et disparaître.

Stephenson dirigea lui-même et jusque dans les moindres détails l'exécution de tous les travaux d'art du chemin de Liverpool à Manchester. Dans cette tâche difficile, pour laquelle on n'avait encore ni précédents ni modèles, il fit preuve d'une remarquable aptitude d'organisateur, qualité non moins nécessaire aux grands ingénieurs que les connaissances techniques. La voie terminée, les directeurs durent choisir un système de traction : les ingénieurs consultés sur ce point recommandèrent unanimement l'emploi de machines à vapeur fixes, réparties de distance en distance sur toute la longueur du chemin, et devant, à l'aide d'un câble, remorquer les trains d'une station à l'autre. Stephenson, seul contre tous, patronnait la locomotive et défendait son opinion avec modestie, mais avec une fermeté imperturbable, contre les plus célèbres autorités. Sur ses instances, on alla visiter à plusieurs reprises le chemin de fer de Darlington à Stockton, desservi par les locomotives sorties de ses ateliers de Newcastle. Les directeurs, dans leur embarras, eurent l'heureuse idée d'ouvrir un concours où ils appelèrent les ingénieurs de tous les pays ; un prix de 500 livres sterling était offert à celui qui, le 10 octobre;1829, présenterait une locomotive, pesant six tonnes au plus, capable de remorquer vingt tonnes à la vitesse de dix milles par heure. Stephenson se prépara avec ardeur à une épreuve d'où dépendaient sa réputation et son avenir. Il avait depuis quelque temps mis à la tête de son atelier de construction de Newcastle son fils Robert, revenu de l'Amérique du Sud, où il était allé exploiter des mines d'argent. Le père et le fils se mirent à l'œuvre avec un zèle égal, et s'appliquèrent à donner à leur locomotive une puissance nouvelle. Le principal défaut de ces machines consistait dans la production insuffisante de vapeur; l'ébullition n'y était pas assez active, parce que la flamme n'échauffait la chaudière que sur une trop petite surface dans le trajet du foyer à la cheminée. Pour agrandir la *surface de chauffe*, Stephenson avait bien, comme on l'a vu déjà, introduit à l'intérieur de la chaudière un grand tube où circulait la flamme; mais ce moyen était encore insuffisant. Un Français, M. Marc Séguin, attaché au petit chemin de fer de Saint-Étienne, avait, en 1829, découvert la véritable chaudière qui convient aux locomotives ; on la nomme *chaudière tubulaire*, parce qu'elle est sur toute la longueur traversée par un grand nombre de tubes creux qui servent de conduits à la flamme : la masse de l'eau, par ce moyen aussi simple qu'énergique, n'est plus seulement échauffée par les simples parois d'un récipient qui la contient, mais par une multitude de canaux qui apportent la chaleur dans toutes les parties. M. Henry Booth, secrétaire du chemin de fer de Liverpool à Manchester, sans avoir, paraît-il, connaissance des heureux essais de M. Séguin, eut la même idée que lui, la soumit à George Stephenson, qui en comprit immédiatement la portée et l'adopta avec empressement. Dès longtemps il avait, contrairement à tous les ingénieurs de son époque, compris que la vitesse des locomotives était intimement liée aux dimensions de la surface de chauffe, et que, pour atteindre une célérité encore inconnue, il suffisait d'obtenir la production rapide et facile d'une immense quantité de vapeur.

Le problème était désormais résolu dans toutes ses parties : d'un côté, par l'agrandissement de la surface de chauffe dans les chaudières tubulaires; de l'autre, par l'activité imprimée au tirage, que Stephenson obtenait en donnant issue dans la cheminée à la vapeur expulsée des cylindres où elle accomplit son travail. Ce double caractère est, on peut le dire, le trait fondamental de la locomotive; le reste n'est que détail mécanique. Ces conditions de succès se trouvaient pour la première fois combinées dans la machine soumise par Stephenson à l'examen des juges du concours, et *Rocket*, c'était le nom de cette locomotive, obtint le prix, que trois autres machines essayèrent à peine de lui disputer : à la stupéfaction générale, on la vit marcher par moments à la vitesse, alors incroyable, de 35 milles par heure. Il ne fut plus question de machines fixes, et bientôt le train d'inauguration parcourut la voie de Liverpool à Manchester. On vota des résolutions où l'on exalta l'habileté et l'infatigable persévérance de l'homme qui, peu de temps auparavant, était encore traité avec tant de dédain, et l'ancien ouvrier mineur prit tout d'un coup place au premier rang des ingénieurs et des inventeurs de son pays.

Si la cause des chemins de fer était gagnée, de grands travaux étaient encore nécessaires pour en améliorer le matériel. Stephenson s'y appliqua avec autant de patience que de sagacité. Il donna plus de rigidité à la voie, en augmentant le poids des rails, en les fixant les uns aux autres avec plus de soin. Les voitures à voyageurs n'avaient d'abord été construites que sur le modèle des lourds wagons de houille : il fallut en établir de plus commodes, douées à la fois de solidité et d'élasticité. Stephenson imagina le premier le mode de suspension actuel, ainsi que les ressorts destinés à amortir les chocs violents des voitures les unes contre les autres; il inventa un moyen pour lubrifier convenablement les essieux, désormais doués d'une vélocité extraordinaire, construisit des freins pour arrêter les trains en marche; mais l'objet principal de ses études était toujours la locomotive même, dont il s'efforça constamment d'augmenter la puissance et la stabilité.

Malgré l'éclatant succès obtenu par Stephenson, on continuait d'attaquer l'invention nouvelle; on parlait d'effroyables accidents, purement imaginaires. Le parlement, appelé à concerter des mesures pour le perfectionnement des voies de communication du royaume, feignit d'ignorer l'existence du chemin de fer de Manchester à Liverpool, et vota des sommes considérables pour l'amélioration des routes ordinaires. Le comité recommandait seulement l'essai des locomotives sur ces routes; on ne comprenait pas encore que la machine à vapeur et la voie ferrée ne sont que les organes corrélatifs d'un même système, et que vouloir lancer des locomotives sur les routes ordinaires, c'est inviter des voyageurs à monter dans un train qui déraille. L'intérêt privé discerna plus rapidement que ne pouvait le faire une assemblée politique l'avantage incontestable des nouvelles voies de communication, et l'on vit se former ces puissantes sociétés qui, sans patronage, se passant de l'appui du gouvernement, réussirent, par les seules ressources du crédit, à couvrir l'Angleterre d'un réseau serré de chemins de fer, à exécuter dans l'espace de quelques années le plus gigantesque ensemble de travaux dont aucun âge puisse se glorifier. Stephenson avait sa place marquée dans ces grandes entreprises : après le chemin de fer de Liverpool à Manchester, il construisit une petite ligne de Canterbury à Whitstable. Son fils Robert fut nommé, quoique fort jeune encore, directeur du chemin de Leicester et Swannington, destiné à ouvrir des débouchés aux districts houillers du comté de Leicester. On vit alors les ingénieurs qui avaient employé leur autorité à combattre les premiers projets de George Stephenson construire eux-mêmes ces chemins de fer dont ils avaient si bien démontré l'absurdité. Stephenson et son fils firent pour leur part le réseau du Lancashire, dont l'industrieuse Manchester est le centre, et bientôt ils songèrent à relier cette ville à Birmingham, et Birmingham même à Londres. Ce dernier projet excita une opposition inouïe : des *meetings* eurent lieu dans toutes les villes où devait passer la longue artère destinée à décupler les forces productives de la Grande-Bretagne, et l'on y vota les résolutions les plus violentes et les plus absurdes. En dépit de toutes ces résistances, les études furent exécutées. Les directeurs n'épargnèrent aucune tentative pour se concilier les propriétaires; leur bill, admis après de longues discussions par la chambre des communes, fut rejeté par les lords. L'année suivante, il passa sans conteste; mais dans l'intervalle on avait été obligé déporter le chiffre des achats de terrain de 250,000 à 750,000 livres sterling; les frais de parlement s'élevaient jusqu'à 72,868 livres. Des charges semblables pèsent encore aujourd'hui sur la plupart des chemins de fer anglais, et sont la principale cause des faibles dividendes qu'ils distribuent. La concurrence des lignes, l'abus des emprunts, une mauvaise administration financière, la multiplication des embranchements, achevèrent le mal; mais à l'époque où fut commencée la ligne de Londres à Birmingham, on ne pouvait encore prévoir tous ces mécomptes, et l'on entrait à peine dans ce qu'on pourrait appeler l'âge d'or des chemins de fer.

La ligne de Londres à Birmingham fut, à cause de la longueur du parcours, divisée en dix-huit sections, dont les travaux furent confiés à autant d'entrepreneurs différents. Tout dans cette industrie aujourd'hui si puissante était à créer : on ne connaissait pas encore ces grands entrepreneurs qui peuvent transporter partout un immense matériel et un personnel bien dressé, et qui construisent les voies avec une merveilleuse rapidité. Des dix-huit entrepreneurs du chemin de Londres à Birmingham, onze furent ruinés, et la compagnie dut reprendre leurs travaux. Quelques-uns, il est vrai, eurent à surmonter des difficultés inattendues : la tranchée de Blisworth et le tunnel de Kilsby sont encore aujourd'hui cités parmi les plus formidables travaux de ce genre. On vit sur les nouveaux chemins de fer se former peu à peu un type spécial d'ouvriers terrassiers. Les *navries*, c'est ainsi qu'on les nomme en Angleterre, ont un costume particulier; sans demeure fixe, ils vont sans cesse d'un chantier de terrassement à tin autre; doués d'une force extraordinaire, on les voit quelquefois travailler pendant seize heures de suite ; leurs immenses brouettes sont toujours chargées de trois à quatre cents livres de déblais. Associés par petits groupes au nombre de dix ou douze, ils font leurs conditions avec les entrepreneurs, et quand l'un d'entre eux ne travaille pas suffisamment, il est exclu du groupe (*gang*) par ses camarades eux-mêmes.

Depuis le jour où fut commencé le chemin de Londres à Birmingham, il ne se fit pas une voie ferrée en Angleterre que George Stephenson n'eût à s'en occuper. Il s'établit d'abord à Alton-Grange, dans le comté de Leicester; il y avait commencé l'exploitation d'une mine de charbon, ce qui ne l'empêchait pas de consacrer une activité incessante à ses ateliers de construction de Newcastle et aux nombreuses lignes de chemin de fer au sujet desquelles il était consulté. Il dictait quelquefois des lettres pendant douze heures de suite, car il avait appris l'écriture si tard qu'il n'aima jamais à tenir la plume lui-même. Tout le réseau ferré qui relie York, Manchester, Leeds, Sheffield, Derby et Birmingham, fut exécuté sous sa direction. Pendant la construction du chemin de Derby à Leeds, il vint se fixer dans le beau domaine de Tapton-House : il y était à la tête d'importants charbonnages, et créa tout auprès les usines à fer de Clay-Cross. Le temps du repos était arrivé pour lui; peu à peu il se retira des grandes entreprises de chemins de fer, laissant à ses élèves, surtout à son fils, le soin de compléter son œuvre. Son repos même ne fut point inactif; de tous côtés, on ne cessait de réclamer, sinon sa coopération, au moins ses conseils. Le roi des Belges, qui de très bonne heure fut pénétré de l'importance des chemins de fer, consulta le grand ingénieur anglais au sujet du réseau qui devait unir les diverses parties de son royaume. Stephenson fit deux voyages en Belgique; il visita avec un extrême intérêt les grands districts houillers du pays, et reçut du roi Léopold la croix de chevalier, seule distinction honorifique qu'il accepta durant sa longue carrière. Il avait toujours refusé de prendre un siège au parlement; durant son ministère, sir Robert Peel lui offrit inutilement à plusieurs reprises le titre de baronet. L'ancien ouvrier mineur aimait à dire malicieusement: «On m'appelait autrefois George Stephenson tout court; aujourd'hui on m'appelle George Stephenson, *esquire*, Tapton-House.»

Outre la Belgique, il visita l'Espagne en compagnie de sir Joshua Walmsley, qui était en négociation avec le gouvernement espagnol au sujet de l'ouverture d'une ligne de chemin de fer de Madrid à la baie de Biscaye. Il traversa rapidement la France, examina avec un très vif intérêt les travaux du chemin de fer d'Orléans et de Tours. Arrivé en Espagne, il parcourut la ligne projetée, mais ne fut satisfait du résultat de ses études ni au point de vue technique ni au point de vue commercial. Sur ses conseils, la compagnie anglaise abandonna l'entreprise. Il faut remarquer ici que Stephenson, accusé au commencement de sa carrière d'être un esprit aventureux et amoureux de chimères, se montrait au contraire toujours réservé, timoré même toutes les fois qu'on invoquait son autorité. Ces craintes résultaient d'une scrupuleuse honnêteté; il ne voulait pas qu'on fît appel au crédit public sans s'être assuré les meilleures chances de succès. Il n'était point, comme se sont montrés tant d'autres ingénieurs, uniquement préoccupé de laisser dans de dispendieux et magnifiques travaux d'art un monument élevé à sa propre gloire. Il évitait avec un soin extrême tout ce qui pouvait aggraver les dépenses, et son système constant a été en matière de tracé de chercher la voie la plus facile, dût-elle être la plus longue. Fortement persuadé que la locomotive perd ses principaux avantages quand on lui donne à gravir des rampes trop inclinées, il était partisan des pentes très faibles; mais on vit bientôt se former contre lui une école d'ingénieurs qui allèrent jusqu'à soutenir qu'une succession de montées et de descentes était préférable à un tracé horizontal. De nos jours, on a pu reconnaître l'absurdité d'une pareille doctrine. Si les progrès opérés dans la construction des locomotives permettent d'être beaucoup moins réservé que Stephenson, les ingénieurs ne s'écartent pourtant des règles qu'il suivait que lorsqu'une nécessité rigoureuse les y contraint.

Après les luttes qu'il lui fallut soutenir en faveur de son système de tracé, Stephenson eut à défendre la locomotive elle-même contre la compétition d'un système nouveau qui porte le nom de *système atmosphérique*. Presque tout le monde le connaît en France par l'application qui en a été faite à Saint-Germain : on sait que les convois, au lieu d'être remorqués par une machine, sont entraînés par un piston qui se meut dans un long tube, où l'on fait le vide au moyen de puissants appareils pneumatiques; l'air pousse le piston du côté où le vide s'opère, et les voitures qui s'y attachent obéissent à la même impulsion. Hautement préconisé par des ingénieurs célèbres, notamment par Brunel et par sir William Cubitt, puissamment patronné dans le parlement, le système nouveau fut bientôt opposé à l'invention de George Stephenson. Ce ne fut pas sans quelque émotion que celui-ci alla pour la première fois, avec M. Vignolles, visiter un modèle de chemin atmosphérique; il l'examina quelque temps avec une extrême attention, puis, avec une grande assurance : «.Ceci, dit-il, ne pourra réussir; qu'est-ce autre chose que la machine fixe avec un câble, sous forme nouvelle? » jugement plein de justesse, que le temps a confirmé. Le système atmosphérique est aujourd'hui abandonné, et malgré tout ce qu'il a d'ingénieux, il finira peut-être par tomber dans l'oubli.

La sagacité de Stephenson s'exerça plus d'une fois sur des sujets bien étrangers à la mécanique. A l'époque où il était encore employé dans des mines, il découvrit une lampe de sûreté, sans connaître les essais du même genre faits par le célèbre chimiste sir Humphry Davy : si son nom n'eût été alors si obscur, Stephenson aurait peut-être partagé avec Davy la gloire de cette utile invention, qui a contribué si puissamment à diminuer le nombre des victimes dans les mines de charbon. Se promenant un jour avec le docteur Buckland, bien connu par ses travaux scientifiques, sur la terrasse de Drayton, résidence de sir Robert Peel, Stephenson vit passer de loin un convoi suivi de son long panache de fumée :

« Eh ! Buckland, lui dit-il, j'ai une question à vous poser. Me direz-vous quel est le pouvoir qui fait marcher ce train? — Mais, répondit son interlocuteur, je suppose que c'est une de vos grosses machines. — Oui, mais qui fait aller la machine? — Sans doute un bon mécanicien de Newcastle. — Que penseriez-vous si c'était la lumière du soleil? — Comment? répond le docteur. — C'est pourtant cela même. C'est de la lumière emmagasinée dans la terre pendant des myriades d'années, de la lumière absorbée par des plantes, et nécessaire à la condensation du carbone pendant qu'elles se développaient. Maintenant, après avoir été ensevelie durant de longs âges dans les couches de houille, cette lumière latente nous est rendue, elle se délivre, elle travaille dans cette locomotive pour le plus grand bien de l'humanité. » Sans s'en douter, Stephenson développait ainsi une des plus admirables inductions de la science moderne, c'est-à-dire la transformation réciproque de la lumière et de la chaleur en travail mécanique. Ce phénomène est devenu l'objet des plus curieuses études, et M. Grove n'a pas manqué de rapporter cette boutade de Stephenson dans son remarquable ouvrage sur la *Corrélation des Forces physiques*.

George Stephenson passa la fin de sa vie à Tapton-House. Il avait toujours aimé avec passion la vie rurale; il s'occupait avec intérêt de ses fleurs, de sa basse-cour, de ses fermes, de perfectionnements agricoles; son existence était devenue tout à fait celle d'un *country-gentleman* anglais. Dans ses rapports avec les propriétaires, ses voisins, il apportait une simplicité et une bonhomie qui font trop souvent défaut à ceux qui ont été les artisans de leur propre fortune. Il rappelait volontiers les souvenirs de sa pénible jeunesse, mais il le faisait sans faux orgueil et sans affectation. « Je viens de Callerton (près Newcastle), disait-il un jour à un de ses amis; j'ai revu les champs où je tirais des navets à 2 *pence* la journée. » Il n'allait plus que rarement à Londres; il y assistait aux conférences tenues dans le bureau de son fils, véritable ministère des travaux publics de la Grande-Bretagne; cependant il revenait toujours avec plaisir à Tapton. Mille ouvriers occupés dans ses mines et ses forges le regardaient comme un père : il faisait élever des écoles, créait des caisses de secours et de prévoyance, ouvrait des salles de lecture ; jusqu'au dernier moment, il s'occupa du bien-être de ceux qui l'entouraient. Il mourut le 12 août 1848, à l'âge de soixante-sept ans, léguant à ses concitoyens l'exemple de ce que peut la persévérance jointe à l'intégrité du caractère, et au monde la plus admirable et la plus féconde découverte des temps modernes.

Robert Stephenson, qui pendant si longtemps avait secondé son père dans ses travaux, devait encore agrandir la gloire du nom qu'il portait. Une partie considérable du réseau des chemins de fer de la Grande-Bretagne fut construite sous sa direction, et il présida aux études et à l'établissement des voies ferrées dans beaucoup de pays étrangers : la Norvège et la Toscane lui doivent leur réseau ; il s'occupa aussi des chemins de fer du Danemark, de l'Allemagne, de la Suisse, du Canada, de l'Inde anglaise ; la ligne d'Alexandrie au Caire est l'une de ses œuvres. Parmi les grands travaux d'art qu'on lui doit, il faut citer le pont sur la Tyne à Newcastle, construit en bois et en fer, les tunnels et les remblais du chemin de fer de Chester à Holyhead, les ponts de Conway et Britannia, sur le détroit de Menai, les ponts du Nil, le pont Victoria, qui unit les deux rives du Saint-Laurent au Canada.

Ces grands ouvrages ont été en quelque sorte le dernier terme des progrès que l'industrie des chemins de fer a su réaliser dans l'une des branches les plus importantes de l'art de la construction. Les premiers ponts en pierre avaient des arches circulaires, qu'il fallait élever à une très grande hauteur, quand on voulait leur donner des dimensions assez grandes pour que la navigation ne fût pas gênée. On substitua graduellement aux cintres pleins des arches surbaissées, d'une portée de plus en plus hardie. Puis, pour obtenir des portées encore plus grandes, on remplaça la pierre par la fonte et le fer. Enfin l'attention des ingénieurs se porta sur le système des ponts suspendus : on revenait ainsi, par un long détour, au pont des peuples à demi civilisés. Changez en fortes chaînes, en câbles de fer, les légers cordages que les habitants de l'Amérique du Sud et de l'Inde jettent au-dessus de leurs immenses cours d'eau, et vous aurez le pont suspendu moderne. Il y a pourtant un pont plus simple encore que le pont de cordages, c'est le pont des montagnes, le sapin appuyé sur deux rochers au-dessus d'un précipice. Le principe de ce pont rustique a été d'abord appliqué aux États-Unis sous sa forme nouvelle : les ponts de bois en treillis, qui traversent tous les fleuves d'Amérique, ne sont autre chose que de grandes poutres artificielles jetées entre les deux rives, assez rigides pour ne pas plier sous les plus lourdes charges, assez légères pour qu'on puisse franchir par ce moyen les portées les plus extraordinaires. Aujourd'hui ces grandes poutres creuses se font surtout en fer, soit avec de la tôle, soit avec des barres dont le treillis imite tout à fait les treillis de bois des ponts américains. La première et la plus célèbre application de ce système nouveau fut faite par Stephenson au détroit de Menai.

Le pont Britannia est un immense tube formé par des pièces de tôle rivées les unes aux autres. Ce tunnel aérien, de forme rectangulaire, unit le Cænarvon à l'île d'Anglesea. Trois piles seulement le supportent; deux sont appuyées sur les rivages opposés, la troisième sur un rocher qui surgit dans le détroit. Cette troisième pile, nommée la Tour-Britannia, s'élève à deux cent trente pieds au-dessus du niveau moyen de la mer. Aux deux extrémités du tube, les maçonneries qui servent d'appui au pont ont jusqu'à cent soixante pieds d'élévation. Les vaisseaux passent librement sous le noir tube suspendu à cette immense hauteur. Les flots tourmentés du canal de Saint-George assiègent en vain les masses formidables qui le soutiennent, et leur éternel murmure se mêle au tonnerre retentissant des trains qui s'engouffrent dans la grande galerie de fer.

Veut-on savoir comment Robert Stephenson parvint à élever ces lourdes masses de tôle sur les piliers qui les supportent? Jamais opération plus grandiose ne fut exécutée par des moyens plus simples et plus ingénieusement combinés. Le tube fut construit sur le rivage même de la mer, sur un plancher en bois soutenu par d'immenses pontons plats. Les vaisseaux, chargés de tôle et de fer, venaient s'y décharger; des machines à vapeur y étaient installées pour découper la tôle, creuser les trous destinés à recevoir les rivets qui assujettissent les plaques contiguës. Ces rivets étaient martelés à la main, et l'on peut avoir une idée du spectacle que devait fournir le tube en construction, quand on songe qu'il n'y entre pas moins de deux millions de ces rivets en fer. Le plancher sur lequel reposaient les chantiers était supporté par quatre pontons de cent pieds de longueur. Tant que le tube resta inachevé, ces bateaux demeurèrent échoués et remplis d'eau. Le tube pesait 1,800 tonnes, et l'on avait calculé que les pontons, une fois vidés, s'élèveraient avec une force d'ascension qui n'était pas inférieure à 3,200 tonnes.

Quand tout donc fut terminé, on n'eut qu'à fermer les valves par où chaque jour les eaux s'introduisaient à la marée montante : le flux arriva, et l'on vit la masse énorme du tube s'élever graduellement sans la moindre difficulté. Soulevé par la forte pression de l'Océan, le radeau flottant fut remorqué par des bateaux à vapeur jusqu'aux piles en maçonnerie. Le tube fut amené sur des appuis qu'on avait préparés. Les valves des pontons rouvertes, ceux-ci se séparèrent du tube et descendirent au fond de l'eau. Le tube lui-même resta isolé sur ses appuis provisoires. Cette difficile opération avait été si bien préparée, qu'elle put être terminée dans l'espace d'une seule marée et sans qu'aucun accident vînt l'interrompre. Une opération non moins difficile restait encore à faire : il fallait hisser le tube jusqu'au sommet des piles. Cette fois encore on eut recours à la force motrice de l'eau; une presse hydraulique avait été installée dans la Tour-Britannia, à quarante pieds au-dessus de l'élévation que le pont devait atteindre. L'extrémité de la grande masse de tôle se rattachait par de puissantes chaînes et des barres de fer au piston, que soulevait lentement la force irrésistible de l'eau dans la presse hydraulique. Chaque fois que le tube s'était élevé de six pieds, on le maintenait immobile pendant que le lourd piston redescendait. Puis une nouvelle ascension avait lieu, et c'est ainsi que graduellement l'extrémité du tube finit par atteindre jusqu'à la hauteur du pilier. Une opération toute semblable se faisait pendant ce temps à l'autre extrémité, et la longue masse de fer se trouva ainsi amenée à sa place définitive. Elle fut soumise ensuite aux plus sévères épreuves. Les trains les plus lourds ne la faisaient fléchir que d'un demi-pouce au plus, et l'on calcule que cette déviation n'est pas plus forte que celle qui résulte de la dilatation du métal quand le soleil échauffe fortement le tube pendant une heure environ.

Avec ses portées de quatre cent soixante pieds, le pont Britannia ouvrit une ère nouvelle dans les annales de la construction. Encouragé par cet essai, Robert Stephenson éleva sur des proportions plus grandioses encore le pont Victoria, qui relie les deux rives du grand fleuve Saint-Laurent au Canada. Cette œuvre, à peine achevée, n'a pas encore été l'objet d'une description détaillée; mais dès à présent on la range parmi les chefs-d'œuvre de l'art moderne. Les rapports entre le Canada et les États-Unis vont en recevoir une activité inconnue, et la belle colonie du nord de l'Amérique recueillera bientôt les fruits de l'entreprise hardie tentée par Robert Stephenson et secondée par les capitaux de l'Angleterre. C'est par cette route que les bois, les fers du Canada, les marchandises anglaises, vont s'échanger contre les céréales et le coton des États-Unis ; le majestueux Saint-Laurent, avec la chaîne des grands lacs, divisait tout le nord du continent américain en deux régions distinctes, qui aujourd'hui sont mises en communication par le port de Montréal. Cette œuvre gigantesque a été accomplie dans les conditions les plus difficiles, sous un climat d'une rigueur excessive, dans un fleuve dont les débâcles sont extrêmement redoutables. Tous ces obstacles ont été heureusement vaincus; les piles colossales du pont de Stephenson peuvent soutenir l'assaut des glaces, et sur ces assises inébranlables s'appuie le tube en fer le plus solide et le mieux ajusté qu'on ait encore vu.

Robert Stephenson construisit encore deux ponts tubulaires sur le chemin de fer d'Egypte, l'un sur la branche du Nil de Damiette, l'autre au-dessus du large canal qui passe près de Basket-al-Seba. Les trains, au lieu d'entrer, comme pour le pont Britannia, à l'intérieur du tunnel rectangulaire, passent sur le sommet du tube. Quand il fut question de percer l'isthme de Suez par un canal de grande navigation, Robert Stephenson se prononça nettement contre ce projet à la chambre des communes. Il n'avait, il est vrai, visité que très rapidement l'isthme, et il faut croire aujourd'hui, sur le témoignage des personnes qui ont pu l'explorer à loisir, que les difficultés d'exécution entrevues par l'éminent ingénieur anglais ne sont point insurmontables, comme il le pensait : ce qui ne saurait être douteux, c'est qu'elles ne peuvent être vaincues qu'au prix de très lourds sacrifices. Quand on aura écarté de ce débat toutes les considérations qui pendant longtemps en ont entretenu la vivacité, il restera à examiner si ces sacrifices peuvent être suffisamment compensés. Dans ce jugement impartial et définitif, il faudra tenir compte de la concurrence du chemin de fer égyptien, mettre en balance l'économie de temps obtenue dans certains cas en traversant l'isthme et la dépense résultant du péage du canal, noter enfin l'accroissement graduel du tonnage des navires qui font le commerce de l'Inde et des mers de la Chine, les délais inévitables dans la navigation sur canaux. En discutant ces éléments complexes, on sera peut-être ramené à l'avis de Robert Stephenson, et il serait possible qu'en Egypte, comme dans l'Amérique centrale, les voies ferrées héritassent des brillantes destinées d'abord promises aux canaux de grande navigation.

On se tromperait fort, en tout cas, si l'on croyait que l'opposition de Robert Stephenson au projet d'ouverture de l'isthme de Suez lui fût inspirée par de mauvais sentiments à l'égard de la France : le grand ingénieur avait pour notre pays une vive admiration, et je ne pourrais en citer de meilleure preuve que le discours prononcé par lui, il y a peu d'années, devant la société des ingénieurs civils de l'Angleterre, sur les mérites comparés des chemins de fer anglais et français. Jamais on ne nous rendit justice avec plus de compétence en même temps qu'avec plus de franchise. Robert Stephenson mettait en regard la situation très prospère de notre industrie des chemins de fer avec l'état de cette industrie en Angleterre, les magnifiques dividendes de nos grandes lignes avec les maigres revenus du réseau de la Grande-Bretagne. Cette différence s'explique en partie, comme il le rappelait, par les lourdes charges qu'ont imposées aux compagnies anglaises les exigences absurdes des propriétaires, les frais des bills du parlement, et par la concurrence des diverses parties du réseau anglais, dont le tracé n'a été assujetti à aucune règle. Les chemins de fer de la Grande-Bretagne ont été construits sans la participation de l'état, qui n'a fourni aux compagnies ni l'appui direct de ses finances ni le prestige de son crédit. En France, les sociétés fondées pour la construction et l'exploitation de nos voies ferrées n'ont pas eu à lutter contre les mêmes difficultés, et de plus elles ont été puissamment secondées par le gouverne- ment. Garanties d'une manière à peu près certaine contre la concurrence, armées de la loi d'expropriation publique la plus commode et la plus expéditive, elles ont reçu de l'état des faveurs exceptionnelles par les subventions et les garanties d'intérêt; leurs charges ont été ainsi diminuées, leur crédit consolidé. L'état a mis en outre à la disposition des compagnies les ingénieurs élevés dans ses propres écoles. En peu d'années, on les a vus couvrir la France de magnifiques travaux d'art, et introduire dans le service et l'exploitation de nos chemins de fer une organisation si admirablement ordonnée, qu'elle peut aujourd'hui servir de modèle à tous les pays, et que l'Autriche, la Russie, l'Espagne, sont venues successivement réclamer notre concours pour exécuter et organiser leur réseau.

Contraste singulier, tandis que nos plus éminents ingénieurs sont, sauf quelques brillantes exceptions, d'anciens élèves de l'Ecole polytechnique, où ils ont reçu l'enseignement le plus savant et le plus complet qui se donne dans le monde entier, les grands ingénieurs de la Grande-Bretagne ont été presque tous des hommes d'une condition obscure, sans éducation scientifique. Nous avons raconté longuement les épreuves du pauvre ouvrier mineur qui devint le promoteur des chemins de fer; son fils Robert ne fréquenta les écoles que pendant deux ans seulement : le reste de son éducation se fit dans les mines, sur les chantiers, dans les ateliers. On peut en dire autant pour Locke, John Dixon, Thomas Gouch, Swanwich, ingénieurs bien connus en Angleterre et tous élevés à l'école de George Stephenson. Quand celui-ci commença ses premiers travaux, il s'adjoignit quelques jeunes gens obscurs, mais choisis avec soin, leur donna de bonne heure l'habitude de la responsabilité, les mit aux prises avec de grandes difficultés. Presque tous sont devenus des hommes distingués dans leur profession, et ont toujours conservé pour leur maître les sentiments de la plus affectueuse reconnaissance. Son fils Robert Stephenson en recueillit aussi une grande part; mais sa popularité dépassait bien les bornes de l'existence professionnelle : plus mêlé au monde que son père, longtemps membre du parlement, il avait acquis par son talent une influence considérable dans la société anglaise, tout en méritant l'estime universelle par sa bonté, sa générosité, son caractère droit et sympathique. Il mourut dans le mois de novembre 1859, léguant 625,000 francs à diverses institutions publiques; il se montra surtout généreux envers celles de Newcastle, prouvant ainsi qu'il n'avait point oublié la province où il était né, où il avait passé sa laborieuse jeunesse. Le jour de ses funérailles, des muliers d'ouvriers quittèrent les fabriques de Newcastle pour célébrer un service en son honneur. Dans le port de cette ville ainsi qu'à Gateshead, Sunderland, Shields, Whitby, les navires prirent le deuil. En même temps, les portes de Westminster-Abbey s'ouvraient à Londres pour recevoir les restes de l'illustre ingénieur : l'Angleterre lui conférait ainsi le plus grand honneur qu'elle puisse accorder à l'un des siens.

Le célèbre constructeur des grands ponts tubulaires du détroit de Menai, du Canada et de l'Egypte repose aujourd'hui au milieu des grands hommes qui par les armes, la vertu, le génie, ont porté dans le monde entier le nom de la l'Angleterre. Ne devrait-on pas aussi déposer à Westminster les restes de George Stephenson lui-même? Comme ils étaient unis dans la vie, George et Robert devraient l'être dans la mort. La gloire ne peut se disputer par lambeaux entre un père et un fils; néanmoins c'est dans George Stephenson que la postérité reconnaîtra toujours le véritable créateur des chemins de fer. Tandis que les siècles ont effacé le souvenir des inventeurs des temps passés, tout en nous transmettant leurs bienfaits, son nom sera légué à l'avenir le plus lointain et grandira toujours, à mesure que, par le mélange pacifique des peuples et des races, s'accomplira la grande révolution sociale dont il a été l'un des instruments, et dont nous entrevoyons seulement la brillante aurore.

ISBN : 978-1719182621